鸟 颜色

Bird Color

如果你对鸟一无所知，那你一定在撒谎。

U0345460

东莞城市形象推广办 出品

江苏凤凰文艺出版社
JIANGSU PHOENIX LITERATURE AND
ART PUBLISHING, LTD

如果你对鸟一无所知，那你一定在撒谎。

—— [英] 巴尔内斯

如果你对鸟一无所知，那你一定在撒谎。

——［英］巴尔内斯

前言
PREFACE

　　造物是神奇的，给了鸟炫目多彩的羽色与美妙的歌喉，在自然界宏大莫测的生命进程中，鸟贯穿人类进化的始终。人类的先祖从告别丛林，直立行走，到后来漫长的人类文明进程中，都与鸟相遇，相伴，相互依存。

　　但凡有文字的民族都有和鸟类相关的词语。在中国，上古文献《尔雅》中便收录了鸟类资料。鸟给了我们祖先原初的简短旋律，给了我们诗歌、画作，甚至发明启示，让我们更好地感知自然界的声色与博大。

　　人类社会高速发展，社会活动加剧，工业化城市以前所未有的发展速度席卷全球，遍地的钢筋水泥丛林之中，我们怅然若失。

　　城市发展与生态保护如何相融共生？以制造业闻名世界的中国城市——东莞，提交了完美的答卷。这里有超过150种的鸟类，这座城市奇迹般地保护着这些大自然的精灵。晨曦破晓，伴随着小鸟的啼鸣，像一首首动听的交响乐，带着这个城市的希望翱翔。

　　在浓郁的工业文明气息背后，很容易触摸到东莞城市生态文明的质地。这是东莞对鸟的承诺，也是东莞对自然的承诺。

CHAPTER

鸟
羽

鸟羽灵动、炫目，是生物中一种出彩的展示。
多种多样的鸟羽颜色代表着鸟类物种的多样和丰富，
在这片多彩鸟羽的土地，心旷神怡。

红耳鹎（拉丁文学名：Pycnonotus jocosus）鹎科、鹎属的鸟类。

上辈子
是一只鸟

　　如果你上过瑜伽课，对放松休息术一定不陌生。你平躺在瑜伽垫上，闭上眼睛，瑜伽老师轻柔地念着，你从头到脚都得到彻底的放松。你的身体比羽毛还轻；你看到了平静的湖面，一丝微风，偶尔一只鸟儿飞过，周围是那样安静；你听到鸟儿扑扇着翅膀，感觉到鸟儿卷起的微小气流……

　　你就在这短暂的休息术中，由一只鸟儿牵引着思绪，将自己置身于自然中，抛开烦扰，回归安宁。

　　英国《泰晤士报》"野生动物专栏"知名作家西蒙·巴恩斯在《怎样成为一个"蹩脚"的观鸟者》书中提到，土地可以被混凝土所覆盖，但混凝土却覆盖不了我们的心灵。我们的心灵根植于乡间的土壤之中。在人类的整个进化过程中，从人类告别丛林、直立行走，到后来漫长的社会发展，人类绝大多数时间都没有离开过乡村土壤。人类的心理和文化的构建一直与大自然保持着密切的关系。

　　这一点上，鸟类很有发言权。鸟类作为自然界显而易见的生灵，与人类的交情很深。

　　追溯起来，联结人类与鸟类的，是远古时期共同的先祖和现在共存的地球。

　　资深观鸟人廖晓东观鸟30年，痴迷于观鸟和鸟类研究。他说，人类与鸟类有着亘古情缘。鸟类的出现早于人类，四千万年前，地球上就开始充满鸟儿的歌声。当人类最初下地，步履蹒跚地直立行走，刚刚开始举目环顾苍穹，鸟类早已进化至能在空中优雅飞翔了。

　　廖晓东至今还记得30年前第一次观鸟时的情景。

　　1986年的春天，廖晓东跟着北京师范大学的赵欣如老师去北京樱桃沟学习鸟类观察。当他用望远镜在山坡上的樱桃林中搜寻时，一只红嘴蓝鹊飘飘洒洒地飞了过来，停落在十几米开外的樱桃树上，振翅翘尾，欢快地鸣叫着。洁白的樱桃花簇衬映着它蓝、白、黑相间的羽色，在阳光的透射下，那珊瑚红色的嘴和双脚格外醒目。那一刻，廖晓东内心瞬间被撼动，难道自己上辈子就是一只鸟吗？他感觉眼前这一幕如此似曾相识。

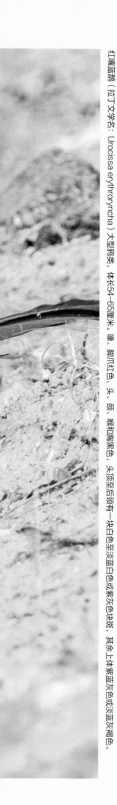

红嘴蓝鹊（拉丁文学名：Urocissa erythroryncha）大型鸦类，体长54~65厘米。喙、脚爪红色，头、颈、喉和胸黑色，头顶至后颈有一块白色至淡蓝白色或紫灰色块斑，其余上体紫蓝灰色或淡蓝灰褐色。

关于美貌的误会

　　鸟的羽毛有多少种颜色？这个问题恐怕难以准确回答。不过，要进行一场鸟类选美大赛的话，人类当评委，鸟羽颜色的丰富性和艳丽程度肯定是重要的评价指标。

　　不然的话，一只八种颜色的"美女鸟"八色鸫怎么会令人如此着迷？漂亮的鸟羽仅仅是为了攀比美貌吗？这也许是个美丽的误会。

　　华南濒危动物研究院动物学专家胡慧建曾在东莞市银瓶山自然保护区调研鸟类资源时发现了一只仙八色鸫，并迅速记录下来。橙红、白、黑、蓝、紫、褐、棕、黄，八种颜色的羽毛，又漂亮又稀罕。

　　你很难在北方城市找到一只八色鸫。因为那里天敌环伺，危机四伏，长得艳丽，在清一色的枯枝暗色中，会迅速暴露自己，然后一命呜呼。

　　八色鸫的艳丽在南方其实是一种自我保护。南方雨水丰盈，阳光充沛，花草树木在这里争奇斗艳。生长在南方的鸟儿，只能尽可能让自己漂亮起来，在花草的掩映下，躲避天敌，寻找一片生存地带。

　　鸟类很懂得因地制宜，为了活下去，不惜改变自己的羽色。留心观察，就会发现，如果一片树林以绿色调为主，那么鸟儿羽毛的颜色会更接近绿色。学会与环境一致，是鸟类生存的必修课。

仙八色鸫（拉丁文学名：Pitta nympha）雀形目八色鸫科，夏候鸟，不常见。在东莞莞仅在银瓶山森林公园有过一次记录。

白鹇（拉丁文学名：Lophura nythemera）属于大型鸟类。雄鸟体长100-119厘米，雌鸟58-67厘米，头顶具冠，嘴粗短而强壮。

在胡慧建眼里，鸟羽颜色的含义远不止这一点。一定程度上，颜色关系到一只鸟儿能否吸引并留住配偶，关系到防御天敌，关系到生育。

鸟类世界有一个公开的"秘密"，那些长得漂亮的，95%以上是雄性。它们往往采取以美貌取胜的策略，来赢得异性的青睐，竞争交配。比如白鹇。

白鹇的雄鸟有着红冠和亮白色的双翅，雌鸟鸟羽偏暗棕色。白鹇的雄鸟在林中疾走时，远远就能分辨。冠越红，白色越鲜亮，在雌性中越受欢迎。当两只白鹇雄鸟相遇，鸟羽颜色更加艳丽的一方，不用武力就能轻松赢得胜利。这意味着，它靠美貌守住了地盘，获得了更多的食物，更重要的是，雌鸟会对它主动"投怀送抱"。

在白鹇雌鸟看来，雄鸟鸟羽颜色艳丽程度体现出身体健康状况。颜色越亮丽，说明身体机能越好。而且，颜色亮丽者更容易被天敌看到。一旦出现天敌，雄鸟先站出来，容易吸引敌人，分散敌人注意力，这样一来，它的妻小就保护住了，它的后代存活率会更高。

雌鸟当然更愿意选择有安全感的配偶，会像人类一样，从择偶之时就为下一代考虑，它们希望繁衍的后代能够遗传父亲的优良基因。

仙八色鸫

注定在这里

因为鸟儿，山水更加生动，草木变得有情。它们和城市一起组成了一方水土的蓬勃与纯净，在感受它美好的同时，也能感受到一座城市的胸襟、远见，以及它对现代生活的诗意把握。

鸟类评判生活环境的标准很简单，"衣食住行"都要有保障。对于水鸟而言，是适宜的湿地、丰富的水源和食物；对于林鸟来说，则是多样的植被和森林，有隐蔽的藏身之所和广阔的活动空间供它们觅食、嬉戏、生儿育女。

在有"制造名城"之称的珠三角城市东莞，有着适合鸟儿生活的良好生态环境。东莞初步记录到约150种鸟类，根据东莞"观鸟达人"的判断，东莞应该有300余种鸟类。这在广东的城市鸟类物种丰富性上属于中上水平。

东莞地处热带向亚热带过渡区，独特的气候环境造就了植被环境的多样。东莞大大小小的森林公园保护区内，有大面积的常绿阔叶次生林和较为原始的南亚热带常绿阔叶林。地域特性吸引了很多鸟儿"移民"过来，常在热带或者亚热带栖息的鸟儿飞到东莞，也能很快适应环境，安家落户。

叉尾太阳鸟（拉丁文学名：Aethopyga christinae）别称燕尾太阳鸟，是雀形目太阳鸟科一种体型非常小而纤细的鸟，体长约9厘米。雄鸟头颈及尾上金属绿色，两根中央尾羽特别长，具绯红色的腰斑。

红耳鹎（拉丁文学名：Pycnonotus jocosus）鹎科、鹎属的鸟类。

朱背啄花鸟（拉丁文学名：Dicaeum cruentatum）啄花鸟科啄花鸟属的一种。

东莞市松山湖（生态园）

东莞市同沙生态公园

CHAPTER

鸟
说

鸟儿是美妙的歌者，鸟鸣声声入耳，鸟的叫声隐含了求偶、预警等信息，
鸟儿到底在说什么？从鸟鸣声中探索鸟世界的密码。

如果你对鸟一无所知，
那你一定在撒谎

国内知名的问答社区有一个提问："你经历过被鸟撩到的时刻是哪个瞬间？"

回答者讲述的画面令人身临其境。

绿树成荫的小径上，光影斑驳。一只小山雀悄无声息地飞来，于是停住脚步，等待着它靠近。这只鸟儿在身旁几米处落地，一边走一边吃，还一边瞧瞧你，样子甚是可爱。

红头长尾山雀（拉丁文学名：Aegithalos concinnus）属小型鸟类，体长9.5~11厘米。头顶栗红色，背蓝灰色，尾长呈凸状，外侧尾羽具楔形白斑。

　　在开阔的湖面，和着微风，与湖边的红嘴鸥亲密接触，给它们喂食。一只鸥鸟吃得不过瘾，直接停在鞋上啄掉下来的面包屑，身旁抢不到食物的野鸭一圈一圈围在身边呱呱直叫。那一刻，觉得很美好。

　　见过一只大长腿的鸟，高挑修长的双脚令人挪不开眼睛。纤细粉红的长腿每走一步都在撩人，简直是鸟中模特。这种鸟名叫黑翅长脚鹬，有一个美丽的别称"红腿娘子"。

　　北京的鸟类学家赵欣如也进行了回答。在云南人烟罕至的深山里，蹲了一整天，有一次录下了一段画眉吟唱，这段15分钟的鸟鸣，是他听过的世界上最美妙动听的声音。

　　会不会闻声识鸟，这无关紧要。从你被鸟撩到的那一瞬间开始，鸟类世界的大门就向你打开了。

　　稍加留意，你与鸟儿就可能结下一段情谊。

黑翅长脚鹬（拉丁文学名：Himantopus himantopus）鸻形目反嘴鹬科。体长约37厘米。

一个夏日的午后，东莞市谢岗中学。一只受伤的幼鸟扑扇翅膀正挣扎着，校长和几位生物老师小心翼翼地用手捧起它。喂幼鸟喝清水　，从家拿来新鲜的稻米给它充饥，还挖了两条蚯蚓给幼鸟补充营养。生物老师苏敏娜判断这是只斑鸠幼鸟，在学飞时不慎掉落导致受伤，一时找不到水源和食物，身体虚弱。

尽管你对鸟类的特征并不了解，但在某种程度上，小鸟的叫声激发了你的善意，幼鸟挣扎发出的求助信号，你肯定听懂了。

你瞧，也许你对鸟类的理解程度比你想象的还要深。

珠颈斑鸠（拉丁文学名：Spilopelia chinensis）鸽形目鸠鸽科。常见于中国东部和南部。

我们的敌人来了

"耳聪心慧舌端巧，鸟语人言无不通"，诗人白居易曾这样形容鸟儿的鸣叫。

鸟儿们通过叫声来彼此交流。吵架打斗、谈情说爱、宣示领地、预警、联络，这些都是鸟儿传递的信号，如同人类的语言。

当清晨第一缕阳光照耀，人们睡眼惺忪时，就听到叽叽、喳喳、啁啁这些声音，如果你将它视为早起的闹钟铃声也不赖，不过，这里另有奥妙。

鸟儿表达的是，"兄弟姐妹们，我就在这里了，这是我的地盘，不得擅入。"

如果其他鸟儿闯了进来，那么接下来，我们听到的叫声就是刀兵相见的声音。对待擅闯地盘者，鸟儿们先礼后兵，一开始采用"鸽"对策，动口不动手。比谁的嗓门大、声音亮，谁盖过了另一方谁就赢了。如果比嗓门不管用，就开始启动"鹰"对策，动用武力，胜者为王。

栗喉蜂虎（拉丁文学名：Merops philippinus）蜂虎科蜂虎属的鸟类。喉有热带鸟类羽毛艳丽的特征，在阳光的照射下，它们全身闪烁着金属般的艳丽光泽，有人将它称之为中国最美丽的鸟之一。

为了生存，鸟儿除了要护卫领地，还得随时扮演"侦察兵"的角色。一旦发现了敌情或者置身危险，便会通过几声短促的尖叫来提醒同伴，"我们的敌人来了，要小心！"

警报声只在同类之间发生，有时你会看到鸟妈妈在巢穴附近总叫个不停，那是它在提醒自己的儿女不要走太远。

鸟类还有很多秘密语言，比如：小鸟呼唤父母的声音，每种鸟都不一样。在一大群企鹅或者海鸥中，父母要找到自己的子女，靠特殊的声音就能分辨。

黄臀鹎（拉丁文学名：Pycnonotus xanthorrhous）善鸣叫，鸣声清脆悦耳。主要以植物果实与种子为食，也吃昆虫等动物性食物，但幼鸟几乎全以昆虫为食。

听鸟
有什么"鸟用"

　　人用音节、节奏、声调变化来表达不同的情绪，鸟儿也是。吃到美味、饱餐一顿，亦或是寻觅到一处宜居地，都会通过声音来表达愉悦。鸟吃到美食后唧唧唧地鸣唱，对于鸟类以及别的动物来说都是一个安全的信号。一只饥肠辘辘的鸟儿，倘若足够聪明的话，听到这个声音后还会按图索骥找到食物。

　　"嘶嘶"几声脆响，或者急促的一声"唧"，则是前方有天敌或猛兽出没的预示，人类的祖先要是在丛林里听了，会绕道而行，逃之夭夭。听鸟是可以救命的。

　　在观鸟自然盛行的欧美国度，学会了观鸟与听鸟，就拥有了一张通向大自然剧院的终身免费门票。

　　观鸟人廖晓东的学生在观鸟日记中写道：自从开始懂得聆听鸟声，会更关注自然中的合唱。如林中昆虫的唱和、风吹过树林的沙沙声、浪花拍打岩石的节奏。透过鸟叫声，人们可以理解它们世界的声与色，更好的与自然相遇。

丝光椋鸟（拉丁文学名：Spodiopsar sericeus）体型和其他椋鸟相似，体长20～23厘米，喙尖红色，脚爪橙黄色。

普通翠鸟（拉丁文学名：Alcedo atthis）小型鸟类，体长16-17厘米，翼展24-26厘米，体重40-45克，寿命15年。

棕背伯劳（拉丁文学名：Lanius schach）属于中型鸣禽，是伯劳中体型较大者，体长23-28厘米。喙粗壮而侧扁，先端具利钩和齿突，嘴须发达。

东莞市大屏嶂森林公园

03

CHAPTER

旅程

鸟的迁徙是对生命的承诺，不远千里甚至万里归来，

它们选择一个理想居所觅食、栖息、繁衍，

东莞作为鸟类较大的迁徙地，吸引力是什么？

不只是旅行

　　诗句中"泥融飞燕子，沙暖睡鸳鸯"、"几处早莺争暖树，谁家新燕啄春泥"、"细雨鱼儿出，微风燕子斜。"这样的景象给人以美好与舒畅的感觉。

　　燕子这种与人类最亲近的小鸟，几乎人人都能讲出一段与它相遇的故事。另一种与燕子很相像的雨燕，却难得与它们碰面，不过，在东莞走一圈，碰面的几率会大大提高。

　　在某个山谷的上空或是空旷的草坪上，如果你望见一抹黑色的小身影忽而翻飞而下，俯冲到草坪面上捕捉飞虫，忽而急速飞向高空。动作迅速，身手敏捷。身上还有一圈醒目的白色，这便是小白腰雨燕。

　　与普通家燕不同的是，雨燕拥有白色的"性感小蛮腰"，很容易区分。实际上，雨燕与燕子不是同类，雨燕最近的亲戚是美洲大陆的"飞行宝石"蜂鸟。雨燕振翅频率快，飞行时间长，颇有点蜂鸟的气质。

　　雨燕是天生的环球旅行家，每年都会远渡重洋，在欧洲之滨和非洲大陆之间往返迁徙，历时10个月之久。很难想象，体重仅40克的雨燕，身躯轻盈，却是一位出色的飞行健将，每小时110~190公里，最长迁徙距离可以绕地球几周。

美国宇航局曾发射的一颗卫星命名为"Swift"（雨燕的英文名），就是为了体现被发射的卫星如雨燕般的自由飞翔和快速。

《阿飞正传》台词："世上有一种鸟，它能够一直飞翔，飞累了就睡在风中，一生很少落地。"这就是雨燕的真实写照。

对它们来说，全程4万公里的漫漫长路，补给站很重要。雨燕会挑选拥有清新空气的开阔林地作为迁徙暂歇地。

每年入秋，雨燕便会从东莞过境，停歇、觅食，补充体能。一些雨燕科的鸟类如小白腰雨燕，已经选择在东莞长住了，春夏季节，常能看到小白腰雨燕在东莞的上空飞舞。

小白腰雨燕（拉丁文学名：Apus nipalensis）雨燕目雨燕科。背和尾黑褐色，微带蓝绿色光泽。腰具白色。

金腰燕（拉丁文学名：Cecropis daurica）燕科燕属的鸟类，最显著的标志是有一条栗黄色的腰带，因此又名赤腰燕。

东莞市植物园

东莞市同沙生态公园

白鹭（拉丁文学名：Egretta）白鹭属鸟类的统称。白鹭属共有13种鸟类，其中有大白鹭、中白鹭、白鹭（小白鹭）、黄嘴白鹭和雪鹭。体羽皆是全白，世人通称白鹭。

他乡变故乡

雨燕是典型的候鸟，像雨燕一样的候鸟们沿着国际长途路线，一路飞抵广东。

在途经中国的3条国际性候鸟迁徙路线中，有两条经过广东及周边地区。这些既定线路被称为鸟儿们的"千年古道"。

鸟类专家分析，广东拥有全国最长海岸线，北起西伯利亚，南至澳大利亚、新西兰的这条沿海迁徙路上，海鸟、水鸟们必然会选择广东"路段"。另外，以中、日、韩为主的东亚鸟类迁徙路线也经过广东。

每年10月至次年3月，候鸟陆续飞临东莞，仿佛准时赴约似的，鸟儿们成群结队的到来，见证它们的回归是一种极好的体验。

在候鸟迁徙高峰期，东莞人总结出了最佳观鸟路线图，吸引了周边省份的很多人过来观鸟赏鸟。

当人们在思索鸟儿来自何方，向何处去的时候，鸟儿已经自带"全球定位和识别系统"，沿着它们的千年古道，直奔目的地。

　　如果一个城市常年宜居，鸟儿还会飞走吗？

　　东莞拍鸟人方卫东走遍了东莞的山山水水，他在东莞万江遇见了一群中白鹭。

　　"中白鹭原本是候鸟，现在留在东莞养育后代了，很少见的。"方卫东说。东莞常见的候鸟白鹭、池鹭慢慢地在东莞留下，长期定居。现在，又发现了中白鹭，在东莞万江蔬菜研究所旁，有几棵大榕树，周围有数个小水塘，好几只中白鹭的幼鸟在鸟窝里嗷嗷待哺。

　　尽管中白鹭与它的兄弟——白鹭在外貌上相差不大，但在东莞，中白鹭算是稀客。如今，这位稀客不再长途迁徙，将东莞当作了故乡，先生、太太、孩子们悠闲自在地生活在一片小天地里。

　　方卫东看到眼前的景象，很欣喜。"看来，它们觉得留在东莞是值得的。"

中白鹭（拉丁文学名：Ardea intermedia）中型涉禽，体长62-70厘米。全身白色，眼睛黄色，脚爪黑色。

万水千山

　　徜徉在东莞市面积最大的森林公园——银瓶山森林公园里，一呼一吸都变得清新、享受。这里碧水萦绕，溪谷幽深，竹木苍翠，郁郁葱葱。主峰银瓶嘴海拔898米，是东莞第一峰，山上终年云雾缭绕、云雨变幻万千。

　　在东莞观鸟20年的陈海，换上一身迷彩服，背着拍鸟设备，经常来银瓶山踩点观鸟。渐渐地，他发现了一个规律，不同季节看到的鸟类不一样。比如，想要看到貌美的赤红山椒鸟，选择冬季或许会是个好主意。

　　运气好的话，在山脚就能看到黄色的赤红山椒雌鸟与红色的赤红山椒雄鸟夫妻一唱一和，在树顶、枝头来回游荡。这是山中林鸟根据季节的变化在山上山下的垂直迁徙现象。冬天山顶温度低了，山脚暖和一点，赤红山椒鸟就都聚集到山脚了。

　　其他季节，它们在山顶上干什么呢？800多米的垂直高度，飞上去可是个体力活，一定要飞上去吗？

　　这可以从鸟儿们的食谱中找到答案。

中科院华南植物学专家说，从山脚到山顶，不同的海拔梯度就有不同的植物。银瓶山从山腰一直到山顶，属于南亚热带常绿阔叶林。高低错落的植物们在这里共享阳光雨露，生长旺盛。这些植物对于鸟类来说，就是饕餮盛宴。

鸟儿们嗅着植物浆果诱人的气息，一路从山脚飞到山顶，不管偏好哪种口味，这一整片植物群落应有尽有，都可以满足。车轮梅、棠梨的小果子是鸟儿们争相猎食的植物，红楠结的种子，也是多数鸟类的必选菜目，红楠属于樟科，樟科油脂丰富，鸟儿们吃了长膘，身体好。

银瓶山有1500余种植物，几乎统揽了东莞森林的全部树种。鸟儿们"口口相传"，都来到这里觅食。银瓶山自然保护区共记录到鸟类有105种，其中国家二级保护鸟类14种。

华南植物学专家们曾在东莞银瓶山做调研，他们在山顶发现了一种特别的松树——五针松，这令他们相当震撼。五针松只能在中国的中部或者北部生存，没想到在东莞竟然也有它的踪影。

因为这次发现，东莞被记载为五针松在中国大陆分布的最南限。再往南边走，就不会有五针松存在了。

赤红山椒鸟（拉丁文学名：Pericrocotus speciosus）为山椒鸟科山椒鸟属的鸟类，俗名红十字鸟，朱红山椒鸟。雄鸟羽红色，雌鸟羽黄色。

五针松（拉丁文学名：Pinus parviflora）是松属下的植物，因五叶丛生而得名。

短萼仪花（拉丁文学名：Lysidice brevicalyx Wei）常生于山谷或溪边，喜光照足，温暖和潮湿的环境。

　　这次发现很有意思。这种植物如何传来？松子是很多鸟类都喜欢吃的，是不是与鸟类传播种子有关系？究竟哪一种鸟类搬来的呢？搬来后五针松在这片土地存活得很好，还有了后代，又是什么原因？

　　原来五针松能够生长在东莞，很可能是因为东莞的森林保护比较完好，在局部形成了小气候，温和、凉爽、通风透气，让原本长在北方地区的五针松到了这里，也不会水土不服。

　　除了五针松这位远道而来的"贵客"让人惊喜，植物学家们还在银瓶山发现了许多宝贝。沿着山涧，他们找到了短萼仪花，这种植物很挑剔，对环境要求极高，需要很好的水质才能生存。在银瓶山，藏着中国面积最大的短萼仪花群落，约有1000亩。

　　银瓶山简直是一个野生珍稀植物群落的宝库。红花荷群落、润楠群落、吊钟花、毛棉杜鹃、野生兰花群落，野生兰花有60多种。秋兰、墨兰、流苏贝母兰，这些都是珍贵的稀有品种。还有濒危植物三尖杉、穗花杉等。这些珍稀植物如此集中地在一个地方出现，珠三角地区绝无仅有。

东莞市银瓶山森林公园

04

CHAPTER

鸟栖

鸟，是生态环境的指标。

哪里鸟多，哪里的生态环境就好。

东莞依靠山水灵性和环境保护，带给了鸟类欢聚的乐土。

每天都在等它

　　东莞市银瓶山山脚下，一片竹林，一方水塘便成了一千多只鹭鸟安居的"世外桃源"。

　　谢炳康是这片竹林和水塘的主人。父辈开始发现有鸟入户后便开始守护，晨晖暮霭里，看着白鹭翩然起舞，自由穿梭，夜幕降临时，伴着鸟叫声入睡，与鸟儿朝夕相处，鸟儿已经成了他的"家人"。

成年白鹭体长约60厘米，全身羽毛白色，嘴长黑喙、黑腿、黄脚爪；

印象中父亲常常站在水塘边，黄昏时静候着鹭鸟回巢。曾经有一只鹭鸟受伤了，谢炳康特意用红绳系在它的腿上标记，对它悉心照料，倍加关注，直到慢慢康复。

潜移默化地，谢炳康8岁的儿子也受到了影响。他很喜欢这群"鸟朋友"。他会观察鹭鸟从高高的枝头飞下来捕鱼，他知道，鹭鸟最爱吃罗非鱼，鸟妈妈为了培养后代，会让幼鸟自己学着捕食。如果有人闯进竹林捕鸟，听到动静，他就会急着叫爸爸出来赶走这些捕鸟人。

一次，谢岗中学的生物老师带着一群爱鸟人士来这里观察鹭鸟，还没进门，谢炳康就拿起武器挡在门口，直到听完解释，他才放松警惕。

为了保护这群特殊的"家人"，谢炳康每天早上醒来第一件事情就是去竹林巡视一番，看看是否有人掏鸟窝，有没有鹭鸟受伤。确认鹭鸟们都安好，才放心去工作。

　　鹭鸟们在这片小天地里，尽情地捕鱼、嬉戏，安心地筑巢、养育后代。谢炳康常说，不打扰、不干预，就是对鸟儿最大的善意。如果这一代人都将鸟儿抓捕完了，那么下一代人对故乡的记忆和对自然的感受又会怎样呢？

　　一草一木，一花一鸟，皆有情意。在一次台风席卷之后，很多鹭鸟的鸟窝掉落，东莞谢岗中学生物老师苏敏娜带着学生们外出学习观察自然，路过谢炳康家，看到一窝小池鹭被冻得瑟瑟发抖，鸟窝已经被台风破坏了。苏敏娜和学生们将这十几只幼鸟抱回学校，精心喂养，几个月后，将它们带到野外放飞。

　　没过几天，学生们惊喜地发现喂养的池鹭又组队回到学校，仿佛舍不得似的。从那以后，总有池鹭不时出现在学校，停留一会儿就飞走了。师生们猜测，也许是那批被救护喂养的池鹭后代替父母来看望呢！

苍鹭（拉丁文学名：Ardea cinerea）又称灰鹭，为鹭科鹭属的一种涉禽，也是鹭属的模式种。

苍鹭是欧亚大陆与非洲大陆的湿地中极为常见的水鸟。大型水边鸟类，头、颈、脚爪和喙均甚长，因而身体显得细瘦。

白鹭常曲缩一脚爪于腹下，仅以一脚独立。白天觅食，喜食小鱼、蛙、虾及昆虫等。繁殖期3~7月。

谢绝来访

风和日丽，水波浩渺，白鹭高飞。山光、水色、鸟性皆相宜。这不是诗句中的畅想，在东莞同沙生态公园，一切如同画卷般展开。

亲自到同沙走一走、看一看，你或许就能领略古诗词中那些关于白鹭的迷人意境。

每年的四五月间正是鹭鸟繁殖期，数以千计的鹭鸟聚集在岛上，它们在林中漫步，在水上翱翔，在园内游玩。岸上的游客将它们看成一道美丽的风景，它们也好奇地打量着人们。

两个鹭岛四面都是水，同沙生态公园水域内禁止游船，也禁止游客登鹭岛，鹭鸟就是鹭岛的主人，谢绝一切来访。同沙生态公园有意保护鹭鸟生存的天然环境，用"封山育林"的办法，给鸟儿们创造一个安全生活带。

鹭鸟们还享受全方位的呵护服务。同沙生态公园专门有湖面保洁员清理水域垃圾，让鸟儿们有更干净、清澈的水源。护林员和治安员在岸边和环湖路巡查，并在鹭岛周边围了铁丝网，让鸟儿免受生命安全的威胁。

草鹭（拉丁文学名：Ardea purpurea）是大、中型涉禽，体形呈纺锤形，草鹭的额和头顶蓝黑色，头部有两枚灰黑色长形羽毛形成的冠羽。

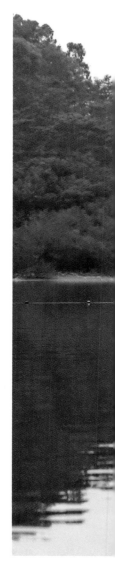

　　同沙生态公园的整个水域面积占公园的三分之一，湖面宽阔，大大小小的湿地散布其中。临近湖边，几声清远而神秘的鸣叫从荷叶深处传来，带着氤氲的水汽，它们属于水雉。

　　水雉对生态环境的要求极高，必须在生长着睡莲、荷花、菱角、芡实等大浮叶植物的湖泊或沼泽中才能生存、繁殖。

　　由于水雉生存环境的单一，一旦湿地遭到破坏，浮水植物变少，它们将无家可归。庆幸的是，在东莞，水雉是常客。

东莞市同沙生态公园

一定要飞回来

"一个水里的小东西，晶莹剔透，指甲大小，一张一合的，这是什么呀？"一名游客在东莞市大岭山森林公园水库中无意间的一次发现成了当地热点新闻。

原来，这是桃花水母，因为经常在早春桃花盛开时节出现，在水中游动的姿态像是漂浮在水面的桃花，古人称为"桃花鱼"。古籍中曾记载，桃花鱼形圆，薄如蝉翼，浮于水面。

桃花水母最早诞生于5.5亿年前，出现时间比恐龙还早，被专家喻为生物进化研究的"活化石"。桃花水母对生存环境有严苛的要求，水质不能有任何污染，水温要达到一定温度。活的桃花水母十分罕见，被列为世界最高级别的濒危生物。

在大岭山森林公园发现的桃花水母生长区域，瀑布、山涧、溪流交汇；周边丛林掩映，树木葱茏。这样得天独厚的环境，让桃花水母有了生存空间。濒危生物也能在这样的环境条件下保存后代。

大岭山森林公园深处，还有一处国家一级珍贵树种伯乐树迁地保护基地，这是全球最大的植物多样性保护机构国际植物保护联盟（BGCI）与东莞市林业科学研究所在2012年建立的合作实验基地。

桃花水母（拉丁文学名：Craspedacusta）是笠水母科的一属淡水生活的小型水母，桃花水母是名副其实的"活化石"。

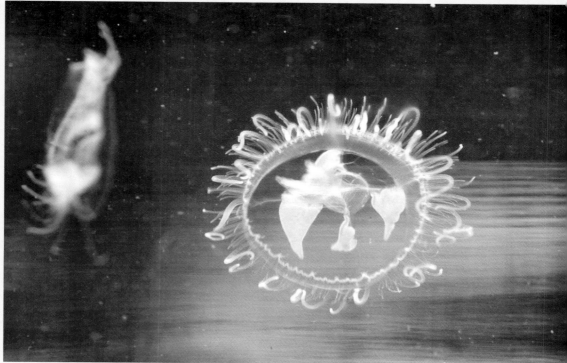

东莞市凤岗南门山森林公园

伯乐树零星分布在中国南方地区，树姿挺拔，花果艳丽，是极佳的园林树种。但因为生长环境遭到破坏，结实稀少，处于濒危状态，被列为国家一级重点保护野生植物。

东莞市林业科学研究所与BGCI合作，进行伯乐树种苗回归实验，实验基地有一百亩。通过这种方式来保护濒危植物，更新后代，保护植物多样性，目前，这个实验还在持续进行中。

国际植物保护联盟会将目光投向东莞，很大程度上，源于东莞对生态环境的保护力度。

东莞早在2008年就划定了生态控制红线，东莞总面积为2460平方公里，其中1103平方公里划为绿地，占整个城市面积近一半。这意味着在东莞，身前身后都是绵延不绝的绿，森林在这里慢慢包围城市。

风水林在这种理念中得以保存完好。在东莞，有为数不少的风水林，古老的风水林与当地的山水、民居、民俗交相辉映，这些树林是东莞人世代的风水，同时也为鸟类和其他野生动植物提供了庇护所。

东莞人所尊崇的风水理念常把"土高水深，草郁林茂"的生态环境看成是理想的风水环境。因此，东莞大大小小的村落，都想通过广植林木或保护林木来获得好风水。东莞3000多株古树名木主要分布在村落周边的风水林内，最长树龄达千年，有80多株"500岁"以上的古树。人面子、扁桃、秋枫、余甘子、五月茶、乌桕、樟树、朴树、红车、水翁和木荷等，还有莞香、短萼仪花等古树名木都是珍稀保护植物。屹立在东莞市东江河畔的一株古木棉树，见证了东莞从明朝万历年间至今的沧桑变化，市政府在建设东江大堤时，特意左右分道单行，避让此树，使之得以保护。后来木棉树旁又长出一株榕树与之相伴，成了鸟儿们的天堂。

在最早种植风水林时，村民希望通过这些林木来营造理想的村居生活环境。风水林对于村庄而言，有涵养水源、净化环境的作用。有了水源，又有田地耕种，就把家安在这里，自给自足。

风水林是一道天然的屏障，南方夏季很多时候刮台风，风水林能够减少台风的干扰，保护房屋不受破坏。在传统理念中，人们认为，风水林能够庇佑整个家族更加兴旺发达。

黄胸鹀（拉丁文学名：Emberiza aureola）属小型鸣禽，体长14—15厘米。

　　长期以来，东莞民间形成了乡规习俗，不允许任何人砍伐风水林的树木。祖祖辈辈沿袭下来，风水林渐渐有了规模。风水林孕育出了生物的多样性，林中古树参天，溪水流淌，成了昆虫、菌类和植物们的家园。斑鸠、丝光椋鸟、噪鹛、大山雀、红嘴相思鸟、山鹪莺等上百种鸟儿聚集在这里，风水林是鸟儿和其他野生动物的偏爱之地。

　　风水林最独特之处在于人与自然的这种密切的关系。村庄里的人特别珍惜风水林，而风水林也反哺着村庄里的人。在这里，风水林与村落仿佛订立了盟约，人与自然保持长远的和谐，这也是现代园林借鉴的范本。

家燕（拉丁文学名：Hirundo rustica）为燕科燕属的鸟类。家燕是一种夏候鸟，喜欢栖息在人类居住的环境。

纯色山鹪莺（拉丁文学名：Prinia inornata）雀形目扇尾莺科。又叫褐头鹪莺、纯色鹪莺。

黑短脚鹎（拉丁文学名：Garrulax perspicillatus）中型鸟类，体长27~32厘米。

红嘴相思鸟（拉丁文学名：Leiothrix lutea）雀形目画眉科。小型鸟类，体长13～16厘米。

北红尾鸲（拉丁文学名：Phoenicurus auroreus）雄鸟头顶至背直背羽毛石板灰色，下背和两翅黑色有明显的白色翅斑，腰、尾上覆羽和尾橙棕色，中央一对尾羽和最外侧一对尾羽外翈黑色。

05

CHAPTER

陪伴

陪伴是最长情的告白，

人类与鸟类就是这样互相依存，互相陪伴。

有时候，不干预不打扰就是我们的温柔与善意。

陪我去训练

清晨，14岁的欧阳娜带上训练服来到东莞市同沙水库皮划艇训练基地，准备开始一天的训练。

2000米长的训练赛道水域就在同沙公园内的一处湖面，距离美丽的鹭岛只有几百米。

放眼望去，青山逶迤，湖水潋滟，不时有鸟儿掠过湖面。少年们坐在赛艇里，轻快地划动双桨，由近及远，一点点靠近鹭岛，又与鸟儿们擦肩而过。几米之外，一群鹭鸟张开翅膀，掠起水花。

在这群选手中，17岁的王嘉铭参加训练已经两年多了，他喜欢这里的自然环境。训练间歇，他会将静静地看鹭鸟妈妈孵鸟蛋，看幼鸟学习捕鱼。训练的疲惫在与鸟儿相处中瞬间消散。

来来回回的练习，从清晨到黄昏，鸟儿们全程作陪，少年们的付出与汗水，鸟儿都知道。当这群少年划着赛艇一次又一次从起点驶向终点时，鸟儿始终环绕在他们身边。

东莞市松山湖（生态园）

东莞市同沙生态公园

小䴙䴘（拉丁文学名：Tachybaptus ruficollis）小䴙䴘属的鸟类。身形较小，体长约27厘米。

白腰草鹬（拉丁文学名：Tringa ochropus）小型涉禽，体长20-24厘米，黑白两色的内陆水边鸟类。

如何看到一只漂亮鸟

　　人群中，如果你看到身穿迷彩服、脚蹬运动鞋，扛着三角架，揣着望远镜、手册、笔记本等物件的人，或许会猜测：这是摄影专家，户外旅游者还是地质勘探员？

　　这群人常常出现在海岛、湿地、森林或者公益课堂，仰望天空，彼此之间互称"鸟友"，每个人都喜欢给自己起个鸟的外号或昵称。

　　他们是近些年来，在中国内地出现得越来越多、越来越活跃的一个群体———观鸟人。目前中国内地已有观鸟组织近百，带动了几十万人参与观鸟。海外还分布着一批为数众多的华人观鸟团体。

　　究竟如何才能看到一只漂亮的鸟？观察它们需要什么技巧和科学背景吗？不用，一点也不用。你只需抬起头，它们就在那里，欢乐悠闲地以鸣声相互致意。不管你是顶级的观鸟高手还是观鸟初学者，都可以感受到鸟类的丰富多彩。

谢岗中学苏老师组织师生观鸟。

褐渔鸮（拉丁文学名：Ketupa zeylonensis）鸱鸮科，渔鸮属的鸟类。褐渔鸮为大型鸮类，体长51～55厘米，外形和毛脚鱼鸮相似。

观鸟的最佳季节是春秋两季，恰逢候鸟迁徙期。当碰上暴雨或台风将至时，就像美国电影《观鸟大年》中的场景一样，人人都跑到室内时，唯独观鸟者逆人潮而动，兴奋地跑到野外去。鸟儿会躲避暴雨台风，会集体选择在相对安全的树林里短暂停留。那时，就是一场鸟类盛会，几十种鸟儿一一过目，观鸟人将满载而归。

对于一名资深观鸟人来说，要想看到心仪的某种鸟，不但需要耐心，还需要好运。

观鸟人陈海是东莞一名研发工程师，练就了一身观鸟拍鸟的本领。

陈海为了拍到珍稀鸟类，多次在东莞同沙生态公园内搭帐篷潜伏。褐渔鸮对周围环境很敏感，稍有动静就飞走了。为了隐蔽自己，他常常蹲在帐篷里守候一整天。拍褐渔鸮时正值夏天，光着膀子，忍着蚊虫叮咬，终于在天快黑时，发现一只褐渔鸮站在近60米以外的树枝上，为了不打扰它，陈海只抓拍了几张就离开了。陈海的这次发现，为东莞的鸟类新增了记录。

栗苇鸦（拉丁文学名：Ixobrychus cinnamomeus）中型涉禽。体长30～38厘米。外形和紫苇鳽相似。

纯色山鹪莺（拉丁文学名：Prinia inornata）扇尾莺科山鹪莺属的鸟类，又叫做褐头鹪莺、纯色鹪莺。

让另一位观鸟人廖晓东日夜思慕的黄嘴山鸦，十年才得以一遇。为了遇见它，廖晓东跑遍了青海、西藏、云南等地，甚至攀登到了香格里拉雪山山顶，也只看到了红嘴山鸦，他的希望一次次落空。

直到赴瑞士旅游时，廖晓东乘坐直升机经过一片滑雪雪道，邻座问："这么高的雪山上会不会有鸟？""当然会有，珠穆朗玛峰顶上都有鸟类飞过。"话音刚落，年轻人扯着廖晓东指向天边，"您说得真对，雪山上还真有鸟儿。"顺着年轻人指的方向望去，正是黄嘴山鸦，廖晓东激动得差点从座位上跳起来。

无论走到哪儿，廖晓东都习惯抬头看天空，捕捉翩翩鸟影。观鸟就是一种生活方式。令他感到高兴的是，当他举起望远镜观鸟时，身边的人总是充满兴趣地询问，观察，甚至与他一起观鸟。

东莞市松山湖（生态园）

东莞市同沙生态公园

爱与不爱

　　清晨时分，山水静谧，几只野鸭从芦苇丛中飞过，这张唯美的自然风光照片被黄翟建处理成了黑白色调，平添一份淡淡的哀愁。

　　黄翟建是东莞市同沙生态公园的工作人员，她和照片里的野鸭很亲密，每天上班都不忘给野鸭带上饭菜，她模仿野鸭的叫声，呼唤它们开餐，野鸭们都聚到她身边，开始悠闲地享受美食。

　　黄翟建时常在野鸭居住的这片水域散步，只要她一走近，野鸭们像迎接老朋友似的聚拢，一同出现在她面前。黄翟建很享受这样的时光。

　　有些野鸭羽毛带一点金色，有些是黑色或者灰色，二三十只野鸭在黄翟建眼里，都有独特的模样。野鸭很温驯，黄翟建说，她与这群朋友相处了两年。

　　直到有一天，公园进行施工和道路开发，野鸭的生活环境受到了干扰。拍下照片时，野鸭只剩下五六只，黄翟建特意将这张照片处理成黑白色调，因为，照片背后有一个伤感的故事。

　　公园的施工队进来以后，这群野鸭的数量在不断减少。黄翟建猜测野鸭很可能是被某些人逮住沦为腹中餐。

赤麻鸭（拉丁文学名：Tadorna ferruginea）体型较大，体长51~68厘米，体重约1.5千克，比家鸭稍大。全身赤黄褐色。

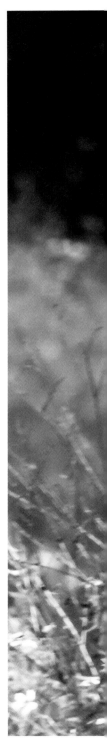

　　"一天比一天少，野鸭真的很可怜。"黄翟建开始反思。她意识到，之前可能因为自己一直很照顾它们，将它们视为朋友。让它们误以为人类都是友善的，分不清谁对它们是"真爱"、谁是有意要加害于它们。失去了防备和自我保护意识，它们很轻易让人接近，结果遭到了捕杀。

　　从那以后，黄翟建再也没有给野鸭喂过食。

　　苏轼曾在《东坡杂记》里写过一篇《程氏爱鸟》，大意是：有一种叫桐花凤的鸟，大约四五百只，飞翔在院子里，这种鸟的羽毛最为珍贵，很难得见到。但这种鸟却能不受干扰地待在院内，而且也不怕人。周围的人见到这种现象，都觉得很奇怪。其实，这就是院子主人对这些鸟雀以诚相待的结果。

　　古有程氏爱鸟，如今，黄翟建也如同程氏一样珍爱鸟儿，但是，人与鸟究竟应该保持什么距离呢？人性有善恶之分，有时候，人的善意让鸟儿变得不畏惧，并且信任、依赖人类。但是也正因为如此，付出了惨痛的代价。

东莞市植物园

黄苇鳽（拉丁文学名：lxobrychus sinensis）鹭科苇鳽属的鸟类，一种中型涉禽。栖息于平原和低山丘陵地带富有水边植物的开阔水域中。

黑水鸡（拉丁文学名：Gallinula chloropus）鹤形目秧鸡科的鸟类，共有12个亚种。中型涉禽，体长24-35厘米。

东莞市同沙生态公园

CHAPTER

鸟观

国际知名的野生动物保护专家珍妮·古道尔说过，

唯有理解，才有关心；

唯有关心，才会有爱护；

唯有爱护，才会采取行动；

唯有行动，生命才会有希望。

如果没有我

"妈妈，快看！这就是黑面琵鹭。" 12岁的东莞女孩赵易萌跟随她的母亲苏敏娜一起去香港米埔湿地公园观鸟。苏敏娜曾经给女儿观看过《返家八千里》关于黑面琵鹭的纪录片。赵易萌对片中嘴型扁扁的、长得像乐器琵琶一样的鸟儿印象深刻。

黑面琵鹭数量极为稀少，属全球濒危物种之一，是少数完全依赖东北亚栖地而生存的鸟种。中国大陆、日本、韩国和中国台湾地区是它们的主要栖息地。

年复一年，黑面琵鹭南北往返，飞翔于大自然四季交替的召唤当中。每年总有超过一半会在秋天飞回台湾温暖的家。

台湾的曾文溪口是黑面琵鹭最大的越冬栖息地，有200多只。然而，这里却遭遇了一场人鸟争地战。曾文溪口是当地的开发工业区所在，随着开发进度加快，黑面琵鹭的生存受到了严重威胁。

台湾当地的中华野鸟协会等鸟类保护组织，世界野生动物基金会、国际鸟类保护总会、亚洲湿地保护学会等30多个环保团体对此情况共同发表声明："200多只黑面琵鹭的存亡不是少数人赏鸟的问题，也不是要不要开发工业区的问题。一个物种灭绝是全世界的问题。剥夺了黑面琵鹭最后的栖息地，也许就把一个物种逼上了绝境！"

　　这场人鸟争地战引起了广泛关注。在各方的压力之下，工业区的开发搁置下来了。

　　日本野鸟协会与中国鸟类学会曾在北京召开了国际性的黑面琵鹭保护协作会议。会议认为，黑面琵鹭的存在就像是衡量亚洲沿岸生态环境健康的指标，意义重大。

　　随后中国科学院动物研究所的科研人员踏上了寻找黑面琵鹭在中国繁殖地的路程。日本、韩国、东南亚各个国家的人们都参与到这个保护工作中来，大家期盼黑面琵鹭能够避免二十几年前朱鹮所遭遇的厄运。而朱鹮在最濒危的时期，全球只剩下7只。

　　"如果没有了我，世界将会怎样？树林会不会寂寞得不肯为林。"一位中国作家以鸟的口吻写下了这段略带凄美的语句。

　　事实上，鸟类在自然中扮演着举足轻重的角色。

一些小型鸟类如蜂鸟、太阳鸟等，穿飞于枝叶花丛之间，在吸食花蜜时，能起到传播植物花粉的作用；星鸦喜欢吃橡树的种子，又有秋天贮藏橡子的习惯，贮藏在各个角落里的橡子常常被星鸦遗忘，成为橡树林扩展的一个重要因素；斑鸠、鸽子等以植物种子为食的鸟类，携带着种子长途运输，每到一处，从嘴里吐出来的，或者粪便中没有消化的种子便会落地，生根发芽。还有一些硬壳的植物种子，通过鸟类的消化道后，更易萌发。

鸟类是生物中进化等级较高的物种，它在生物链中有着不可替代的位置。飞来飞去的鸟儿其实无时无刻不在促进生态系统的能量转换，加速物质循环。

华南濒危动物研究院动物学专家认为，如果没有了鸟类，植物将会因虫害大面积爆发而大量减少。设想一下，一座看不到几棵树的城市必然污染严重、雾霾漫天。反之，植物和野生动物都很丰富的城市，相应的环境会好很多。鸟类能够维持生态系统的平衡、稳定，让自然界有序地协同进化。这是自然界赋予鸟类以及其他野生动物的意义。

暗绿绣眼鸟（拉丁文学名：Zosterops japonicus）上体绿色，眼周有一白色眼圈极为醒目。

白喉红臀鹎（拉丁文学名：Pycnonotus aurigaster）额至头顶黑色而富有光泽，耳羽白色或灰白色。

　　协同进化意味着有我也有你，没有我也没有你。在人类历史的长河中，人的祖先一直与动植物相生相长，相辅相成。一片荒山因为鸟儿带来的种子而有了植被，植被越来越多，又吸引了更多的鸟儿和其他野生动物觅食，伴随着植物的进化，鸟类和其他动物也在逐渐进化；人类也在这个大家庭中慢慢进化。

　　人和鸟本是互相依存的关系。随着人类活动日益频繁，不可持续的生产和消费方式破坏了生物多样性，人类开始学会反思和行动。

　　"如果没有人类的干涉，按照自然规律，每个世纪只有一种鸟类灭绝。现在，这个速度被增加了50倍。"这是国际鸟盟对世人发出的警告。

一副小鸟扑克牌

这不是一副普通的扑克牌。54张，每一张都印有一种鸟的照片，并配有科普说明。

东莞松山湖中学的生物老师提了这个建议，将东莞常见的鸟都编好花名册，印到扑克牌上。让师生们在观察自然甚至游戏娱乐中与鸟接触、认识和欣赏。

英国皇家出版社鸟类杂志的专栏作家西蒙·巴尼斯说，观鸟开启眼睛、耳朵和心灵。观鸟不是困惑，恰恰是静静的享受。

松山湖中学的生物老师陈佳在上海读书期间，不仅经常参加野外观鸟活动，还做过自然教育活动的志愿者。上海崇明岛上，陈佳经常看到一群学生围在老师身旁，听老师讲解鸟类的形体特征、讲解优胜劣汰的自然法则，领略大自然的奥妙。

陈佳觉得，自然教育，对孩子而言，最重要的是亲身体验。在松山湖中学任教后，陈佳在课堂上放映BBC出品的《鸟的天堂》《鸟的迁徙》等纪录片，带领学生们走进树林和湿地观鸟。当他们看到白鹭喜欢在水边捕鱼、绣眼鸟爱吸花蜜、燕子辛辛苦苦衔泥筑巢时，会被激发起天然的好奇与爱心，保护环境的意识也就在这一刻加强。

蓝喉太阳鸟（拉丁文学名：Aethopyga gouldiae）小型鸟类，雄鸟体长13-16cm，雌鸟体长9-11cm。

戴胜（拉丁文学名：Upupa epops）有9个亚种。头顶凤冠状羽冠，嘴形细长。

东莞市同沙生态公园

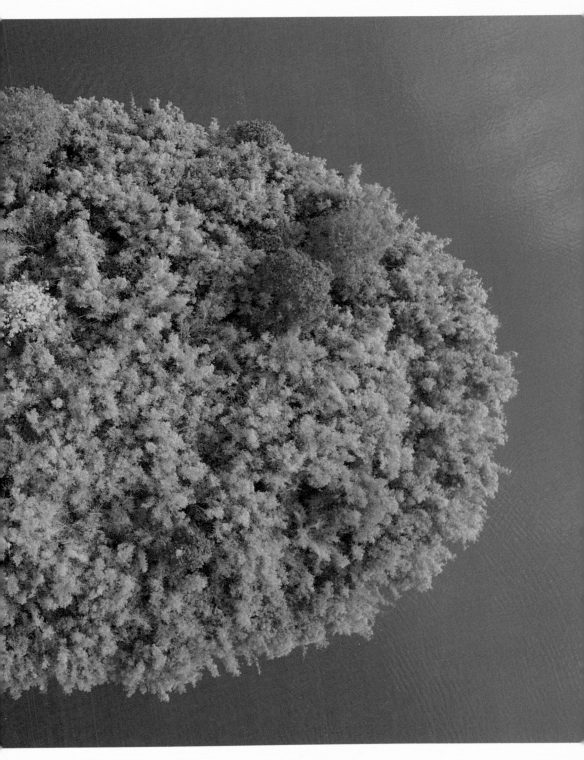

东莞市莲花山

　　香港观鸟会的前任会长林超英，是最早在香港与英国人一起观鸟的中国人。几十年间，他不断地推广观鸟和鸟类保护知识。如今，越来越多的香港人开始观鸟，还影响了不少内地和海外观鸟人群。

　　香港观鸟会经常举办不同的观鸟活动和公益课程吸引学生和市民参与；出版鸟类书籍、图鉴，介绍鸟种及观鸟小知识。从公民科普的角度入手，招募市民参与鸟类的研究，例如举办全港树麻雀同步普查，定期举行麻鹰及燕子普查。让人们以身体力行的方法了解和研究鸟类。

　　香港观鸟会还向香港特区政府争取到直接参与香港塱原雀鸟栖息地的环境管理和生态保育工作的资格，在这之后，塱原的雀鸟数量增加了近20%。

　　阻止捕鸟、食鸟，反对侵占湿地、砍伐森林、开垦草原、河流建坝，促成建立自然保护区等，已成为越来越多观鸟人及观鸟组织的自发行为，他们也因此得到了越来越多的关注、理解以及支持。

白鹡鸰（拉丁文学名：Motacilla alba）雀形目鹡鸰科的鸟类，属小型鸣禽，体长约18厘米。

斑鱼狗（拉丁文学名：Ceryle rudis）翠鸟科、鱼狗属的中型鸟类，体长27–31厘米。

东莞市同沙生态公园

东莞市松山湖（生态园）

原谅
是最好的答案

东莞林业研究员曾在日本考察发现，日本没有人工林的概念，更令她感到意外的是日本人对于森林管理的做法。

在中国，若森林着火了，第一时间会救火，然后根据烧毁树木的数量，人工种植进去予以弥补。但是在日本，森林着火只要没有危害到人身安全，一般都不会去救；也不会人为种植树林。在他们的理念里，火是一种自然因素，一些植物种子没有火不发芽，尽量不去人为干预。

城市绿化能不能多种植一些浆果类的树木，搭配一些灌草丛和灌木呢？鸟儿喜欢吃浆果类植物的果实，经常捕食昆虫和幼虫，这些虫往往寄生在某些植物里面。在建造城市园林和绿道时，应该将鸟类的食物链、生活习性等都考虑进去。学习自然营造自然，用生态打造生态。

很多国家和地区都有建设生态廊道的做法，生态廊道是植物基因流动、动物栖息或迁徙的走廊，体现了真正的敬畏自然、敬畏生命的理念。

在美国丹佛市有一条著名的生态廊道。这是一条贯穿全市的绸缎状的湿地，岸边的树木茂密，草本植物丰富，丹佛市按照原生态的自然方式进行管理。

行走在廊道中，可以看到野兔、松鼠、狐狸和羚羊，河中有野鸭和水鸟。散步时，不时撞见一头羚羊，一抬头就能看到猫头鹰飞过。这条生态廊道很多处地方植物十分茂密，人类无法穿行，却是各种动物的理想通道。

这些由河流、湿地、山林、湖泊组成的生态廊道，在为人类创造宜居环境的同时，也给动物创造了一个生存的缓冲区。

英国皇家鸟类保护协会说，英国曾失去麻鸦是很遗憾的事情，但重蹈覆辙则是不可原谅的事情。

环颈鸻（拉丁文学名：Charadrius alexandrinus）体长约16厘米。属中小型涉禽。羽毛的颜色为灰褐色，常随季节和鸟龄而变化。

暗灰鹃鵙（拉丁文学名：Coracina melaschistos）山椒鸟科鹃鵙属的鸟类，属小型鸣禽。体型较纤细；喙短宽，先端下弯，微具缺刻。

东莞市水濂山森林公园

　　麻鸦属于苍鹭类，英国麻鸦在20世纪80年代曾经一度绝种，这与当时湿地环境遭到破坏，湿地不断消失有直接关系。后来，在不断修复和改善湿地的过程中，100多只麻鸦又重新回到英国。或许对于鸟类来说，能够原谅，已是最好的结果。

　　中国人民对外友好协会曾参与出品了大型舞剧《朱鹮》，以在中国发现全球仅存的7只野生朱鹮从濒危到最终重生为题材，展现人与自然关系的变化，舞剧最后一句台词触动人心："为了曾经的失去，呼唤永久的珍惜。"

黄眉姬鹟（拉丁文学名：Ficedula narcissina）鹟科姬鹟属的鸟类。

灰纹鹟（拉丁文学名：Muscicapa griseisticta）鹟科鹟属的一种鸣禽。

黄眉柳莺（拉丁文学名：Phylloscopus inornatus）雀形目莺科柳莺属的鸟类，中文俗名树串儿、槐串儿、树叶儿、白目眶丝。

发冠卷尾（拉丁文学名：Dicrurus hottentottus）中型鸟类。通体羽绒黑色缀蓝绿色金属光泽，额部具发丝状羽冠，外侧尾羽末端向上卷曲。

黑喉石鵙（拉丁文学名：Saxicola torquata）鹟科、石鵙属的鸟类。黑喉石鵙中等体型的黑、白及赤褐色石鵙。

苍背山雀（拉丁文学名：Parus cinereus）属山雀科山雀属。

暗绿绣眼鸟（拉丁文学名：Zosterops japonicus）上体绿色，眼周有一白色眼圈极为醒目。

东莞市同沙生态公园

东莞市同沙生态公园

后记
POSTSCRIPT

中国东莞，你对她了解越多，就会越痴迷于她的自然本色，越流连于她的氤氲山水，翩翩鸟影和润物无声的人文情怀。

华南濒危动物研究院研究员曾在华南地区做鸟类调查时发现，鸟群从其他地域往东莞方向飞去的数量在不断递增，这让他们不由感慨，鸟的确是一座城市自然生态的考量指标，城市生态越有吸引力，鸟儿越会聚集于此。

本书选择中国东莞为城市样本，正是因为她作为一座现代化的制造业都市，在快速的工业化进程中仍保留着良好的生态本底，鸟与城市和谐共生的底蕴。本书收录了百余张鸟类图片，历时数月，采访近百余人，他们中有为了拯救一只受伤的鸟，跳进湖水中为鸟解开缠绕网线的观鸟人，也有精心呵护被台风刮落刚孵化出壳的小鹭鸟的一群中学生，还有退休后仍孜孜不倦传播爱鸟护鸟理念的大学教授……

东莞有150多种鸟，占全国鸟类总数的9.3%，占全省鸟类的24%。其中还有许多国家重点保护动物和珍稀物种。然而，真正让东莞值得骄傲的是，这座城市无所不在的生态气息与工业文明的交相辉映。

无可质疑，让鸟类赖以驻足、栖息、繁衍的东莞为中国工业城市群提供了一个鲜活、别样、可借鉴的最好范本。

如果你对鸟一无所知，那你一定在撒谎。

——[英] 巴尔内斯

图书在版编目（CIP）数据

鸟颜色 / 东莞城市形象推广办出品. -- 南京 :江苏凤凰文艺出版社,
2018.1 （城市生态系列丛书） ISBN 978-7-5594-1187-7
Ⅰ.①鸟… Ⅱ.①东… Ⅲ.①鸟类－普及读物 Ⅳ.
Q959.7-49
中国版本图书馆CIP数据核字(2017)第247055号

书 名	鸟颜色
出 品	东莞城市形象推广办
总 策 划	杨晓棠
统 筹	李翠青
责 任 编 辑	孙 茜
特 约 编 辑	何碧怡 叶晓平
图 片 提 供	王永熙 方卫东 邓爱良 卢政 刘志坚 刘宠杨 苏敏娜 杨俊 吴碧云 张超满 陈少荣 陈帆 陈海 陈铭燊 陈锦耀 胡克嘉 莫罗坚 黄有水 黄健 黄翟建 曹永富 蒋清刚 程永强 曾雪松 湛渭源 温建新 蔡景安 （按姓氏笔画排序）
出 版 发 行	江苏凤凰文艺出版社
出 版 社 地 址	南京市中央路165号，邮编：210009
出 版 社 网 址	http://www.jswenyi.com
印 刷	深圳市国际彩印有限公司
开 本	787×1092毫米 1/16
印 张	11.75
字 数	80千字
版 次	2018年1月第1版 2018年1月第1次印刷
标 准 书 号	ISBN 978－7－5594-1187-7
定 价	48.00元